科学のアルバム

モンシロチョウ

矢島　稔

あかね書房

もくじ

イラスト●渡辺洋二
林　四郎
装丁●画工舎

科学のアルバム

モンシロチョウ

矢島　稔（やじま　みのる）

東京都に生まれる。東京学芸大学卒業後、
一九六一年、東京都多摩《たま》動物公園に勤務《きんむ》し「昆虫園《こんちゅうえん》」を開設《かいせつ》。
一九七八年、上野動物園水族館館長、
一九八七年、多摩動物公園園長になり、
翌年《よくねん》、「昆虫生態園《せいたいえん》」をオープン。
一九九一年、文部大臣表影受賞《ひょうえいじゅしょう》。
一九九九年より、群馬《ぐんま》県立「ぐんま昆虫の森」園長。
おもな著書《ちょしょ》は「黒いトノサマバッタ」「ホタルが教えてくれたこと」（共に偕成社）、「蝶《ちょう》を育てるアリ」（文春新書）、「虫に出会えてよかった」（フレーベル館）など多数ある。

モンシロチョウなら、だれでも
知《し》ってます。でも、よくみると
めずらしいことがいっぱい…。

モンシロチョウ　みつけた

春《はる》です。ナノハナ、タンポポ、レンゲソウ……。野《の》山《やま》はぱっとあかるくなります。

あたたかい光《ひかり》の中《なか》を、モンシロチョウが、とびまわります。花《はな》のみつを、すいにくるのです。

モンシロチョウは、春《はる》から秋《あき》まで、日本《にっぽん》のどこにでも、みられます。

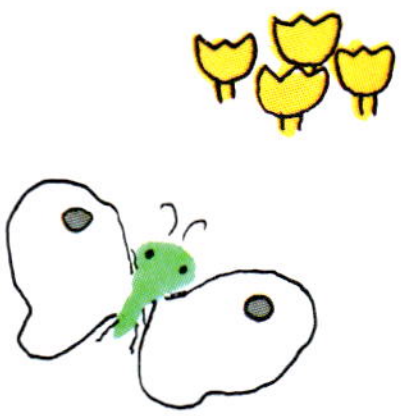

●からだをまげて，たまごをうみます。

←うみつけられたたまご。高《たか》さは１ミリ。
（写真《しゃしん》は虫《むし》めがねでみた形《かたち》）

●ナノハナのみつをすうモンシロチョウ。

ゼンマイのような口《くち》で、みつをすっていたモンシロチョウが、キャベツばたけに、やってきました。

おなかをまげて、なにをしているのかな？　たまごを、うんでいるのです。

たまごが　かえる

三日《みっか》くらいたつと、たまごは、きいろくなります。むしめがねで、みてみましよう。あっ、上《うえ》のほうに、あなが、あいてきました。よう虫《ちゅう》が、からをくいやぶって、でてきました。外《そと》にでたよう虫《ちゅう》は、じぶんのたまごのからを、どんどんたべます。

●うちがわからあなをあけて……

●あたまからでてきます。

●からをたべたよう虫《ちゅう》は，２ミリくらいの大《おお》きさになり，やわらかいはっぱをさがしてたべはじめます。

●そとから，からをたべます。

●はっぱをかみきるキバと，ならんでいる目《め》がわかりますか？

●口《くち》から糸《いと》をはいてあるきやすくします。

➡からだのよこには，いきをするきもん（気門）がひらいています。

よう虫《ちゅう》のからだ

たった2ミリのよう虫《ちゅう》は4かい皮《かわ》をぬぎかえると、3センチくらいの5令《れい》よう虫《ちゅう》になります。どんなからだをしているのかな？

●皮《かわ》をぬぐアオムシ

さなぎになるまで

アオムシは、大《おお》きくなるとからだがすきとおってきます。いよいよ、さなぎになるのです。

まず、あたまを下《した》にして糸《いと》をだし、上《うえ》にむきなおって、おしりのさきをつけます。そして、口《くち》からだした糸《いと》をじぶんのからだのまわりにはります。

糸《いと》によりかかって、じっとしていたよう虫《ちゅう》が、からだをまっすぐのばしました。すると、せなかの皮《かわ》がたてにわれました。うすい皮《かわ》が、どんどん下《した》にさがっていきます。

さなぎになりましたよ。目《め》やはねになるところが、もうわかります。

チョウのたんじょう

さなぎになって十日《とおか》くらいすると、いよいよ、チョウのたんじょうです！

●からだをまるめて，チョウがでてきます。

●チョウのあたまがのぞきました。

やわらかいはねが，すこしずつのびはじめました。とうとう，チョウになったのです。

●花《か》ふんをちらしてとびたつモンシロチョウ。

シロチョウのなかま

日本《にっぽん》には、二百《ひゃく》四十しゅるいいじょうのチョウがいます。まず、モンシロチョウにちかいシロチョウのなかまです。

●モンキチョウ

●ツマキチョウ(メス)

●キチョウ

●クモマツマキチョウ

●ヤマキチョウ

アゲハチョウのなかま 1

かたちがいちばん大《おお》きいのは、アゲハチョウのなかまです。モンシロチョウより、はやく、そして空《そら》たかくとぶことができます。

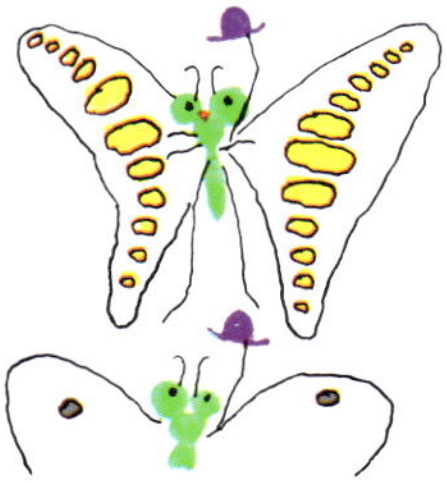

●クロアゲハ

●カラスアゲハ

アゲハチョウのなかま　2

アゲハチョウのなかまは、うしろばねのさきがつきでているものが、おおいです。

●ナガサキアゲハ（メス）

●ウスバシロチョウ

●アゲハチョウ

←ジャコウアゲハ

●ギフチョウ

タテハチョウのなかま

このなかまは、すばやく、まっすぐにとびます。オオムラサキは日本《にっぽん》のチョウをだいひょうする国蝶《こくちょう》です。

●サカハチチョウ

●キタテハ

●クヌギのしるをすうオオムラサキ。
←オオムラサキの羽化《うか》。

●アカタテハ

シジミチョウのなかま

　モンシロチョウより小《ちい》さくて、かわいいのは、シジミチョウのなかまです。美《うつく》しい、宝《ほう》石《せき》のようなはねをもっているしゅるいや、ようす虫《ちゅう》がアリにそだてられるなどおもしろいシジミチョウもいます。

●ウラナミアカシジミ

ウラナミシジミ

ゴイシシジミ

ウラギンシジミ

トラフシジミ

ベニシジミ

●イチモンジセセリ

ほかのチョウ

ほそながいセセリチョウ、まるいもようのあるジャノメチョウ、ゆっくりとぶマダラチョウ、みんなチョウのなかまです。

●ヒメウラナミジャノメ

●アサギマダラ

スキバホウジャク

ひるまとぶガ

夜《よる》、あかりにあつまってくるガも、チョウのなかまです。チョウと同《おな》じように、ひるまとびまわるガもいますよ。

マドガ

ウスバツバメガ

ほかのなかまたち

ハチやアブや小《ちい》さなカミキリムシのなかまも、チョウとおなじように、花《はな》にあつまります。ハチやアブは、みつをなめますが、カミキリムシは、花《か》ふんをたべます。

ハナアブ

ベニカミキリ

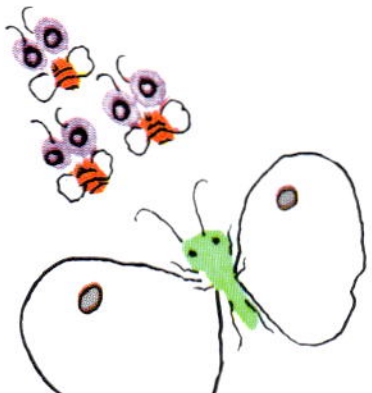

ミツバチ

おそろしいてき

チョウは、とべるからといってあんしんしてはいられません。カマキリやクモなど、おそろしいてきが、ねらっています。

●三《さん》角《かく》あたまのカマキリ。

●カマキリがチョウをねらっています。

●しょっかくのそうじ。

チョウの生活《せいかつ》

チョウは、花《はな》のみつをすったあと、しょっかくのそうじをします。たまごをうむため、めすはおすと交尾《こうび》をします。よるは、地《じ》めんにちかいはっぱにとまって、ねむります。

●交尾《こうび》

●ねむり

●チョウの目《め》。

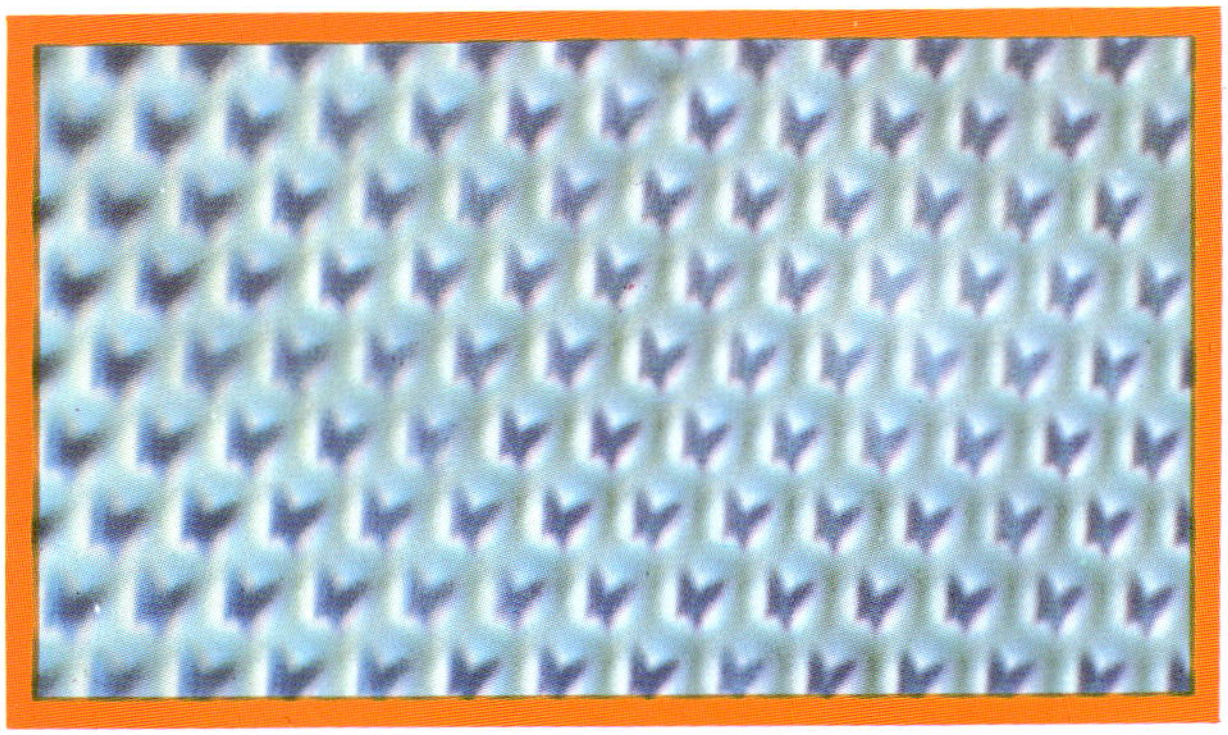

●カメラのレンズのかわりに，モンシロチョウの目《め》のレンズをいれて，アゲハチョウをとったら，こんな写真《しゃしん》になりました。

チョウの目《め》

チョウの目《め》は、小《ちい》さな六角形《ろっかくけい》の目《め》がたくさんあつまっている複眼《ふくがん》です。わたしたちより、広《ひろ》いけしきがみられますが、中心《ちゅうしん》だけはっきりみえるらしいのです。

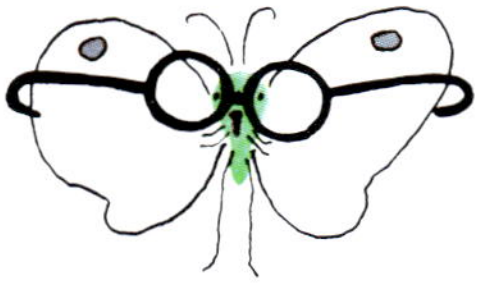

● チョウのみた花《はな》ばたけ。

りん粉《ぷん》がならんだはね。

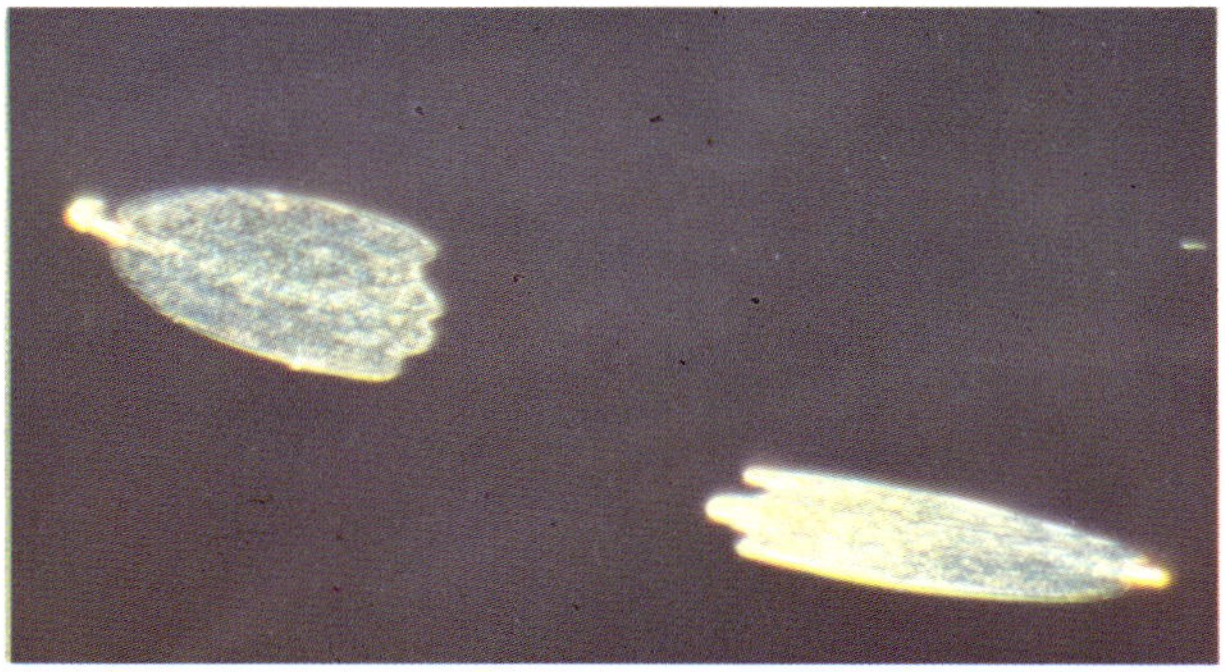

りん粉《ぷん》のかく大《だい》。

チョウのはねと口《くち》

はねは、やねのかわらのように、りん粉《ぷん》が、ならんでいます。雨《あめ》をはじくので、からだがぬれません。

口《くち》はゼンマイのような形《かたち》です。みつをすうときは、ストローのやくめをします。

●ゼンマイのようなチョウの口《くち》

冬《ふゆ》ごし

冬《ふゆ》のあいだは、さなぎのまま、じっとしています。春《はる》をまっているのです。

←モンシロチョウのさなぎ

＊シロチョウのなかま

モンシロチョウに近《ちか》いチョウは、シロチョウ科《か》というなかまにはいります。北《きた》は北海道《ほっかいどう》から南《みなみ》は八重山諸島《やえやましょとう》（沖縄《おきなわ》の南《みなみ》にあるたくさんの島《しま》）まで、日本《にっぽん》では二十三種類《しゅるい》のシロチョウ科《か》のチョウが、みつかっています。このなかには、クモマツマキチョウのように、高山《こうざん》にしかすんでいない種類《しゅるい》や、九州《きゅうしゅう》の南《みなみ》から沖縄《おきなわ》にかけてしかみられないツマベニチョウのような種類《しゅるい》もいます。

野原《のはら》でみかける白《しろ》いチョウのなかには、モンシロチョウとよく似《に》ている種類《しゅるい》がいます。とくに、スジグロシロチョウはモンシロチョウとよくまちがえられます。キチョウやモンキチョウは、はねがきいろいのですぐみわけがつくでしょう。ところが、めすには、はねが白《しろ》いものもあるので、注意《ちゅうい》してください。

●シロチョウのなかま

＊モンシロチョウはどこからきたのか？

モンシロチョウはどこからやってきたのでしょう？

モンシロチョウは日本《にっぽん》じゅうどこにいってもみられます。それでは、大《おお》むかしから日本《にっぽん》にいたのでしょうか？　どうもちがうようです。モンシロチョウは、中国大陸《ちゅうごくたいりく》から人《ひと》が持《も》ちこんだ植物《しょくぶつ》について、日本《にっぽん》にはいってきたらしいのです。

モンシロチョウという名《な》まえがつけられたのは、一八八二年《ねん》（明治《めいじ》十五年《ねん》）ごろのことです。むかしは、粉蝶《しろちょう》とか素蝶《そちょう》とよばれていました。

絵《え》として残《のこ》っている、モンシロチョウのもっとも古《ふる》い記録《きろく》は、一七七六年《ねん》ごろに円山応挙《まるやまおうきょ》（江戸時代《えどじだい》の画家《がか》）というひとがかいたものです。いまから二百《ひゃく》年《ねん》以上《いじょう》まえですから、モンシロチョウが日本《にっぽん》にはいってきたのは、それほど大《おお》むかしのことではありません。

沖縄本島《おきなわほんとう》でモンシロチョウがみつかったのは、一九五八年《ねん》ごろです。また、石垣島《いしがきじま》や西表島《いりおもてじま》では、一九六七年《ねん》ごろはじめてみつかりました。

モンシロチョウの幼虫《ようちゅう》の青虫《あおむし》はキャベツの葉《は》っぱが大《だい》すき。このキャベツが日本《にっぽん》でつくられるようになったのは、一八七四年《ねん》ごろです。日本中《にっぽんじゅう》で、キャベツがつくられるようになって、モンシロチョウはますます増《ふ》えたのでしょう。

＊世界《せかい》じゅうにひろがるモンシロチョウ

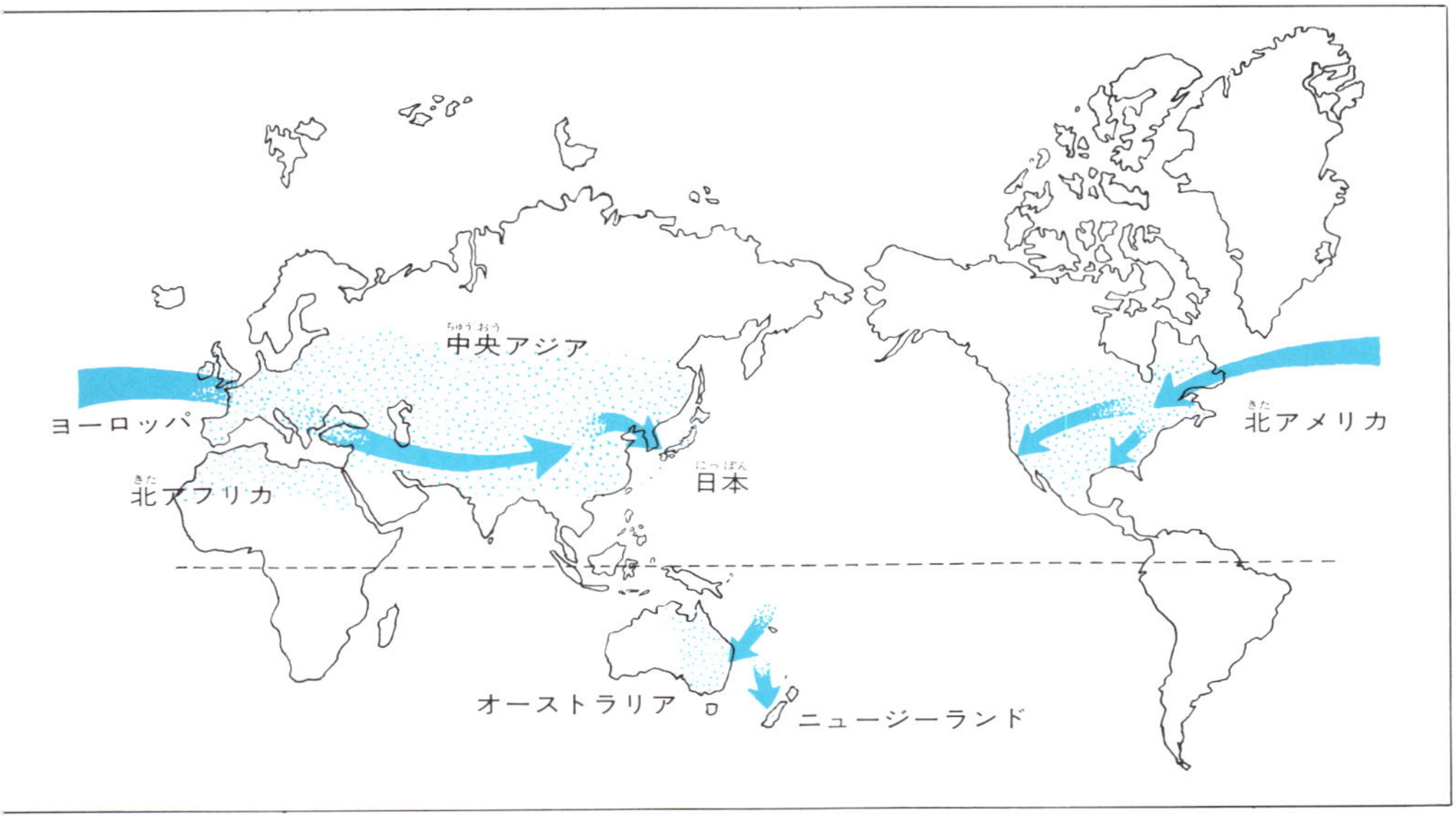

● モンシロチョウはヨーロッパからひろがりました。

モンシロチョウのふるさとは、ヨーロッパと考《かんが》えられています。交通《こうつう》の発達《はったつ》とともに、モンシロチョウは、ヨーロッパから東《ひがし》にシルクロードにそってひろがってきたらしいのです。そして、中国大陸《ちゅうごくたいりく》や朝鮮半島《ちょうせんはんとう》から、日本《にっぽん》にまでやってきたのでしょう。

モンシロチョウが、ヨーロッパから大西洋《たいせいよう》を渡《わた》って北《きた》アメリカにはいったのは、一八五五年《ねん》ごろでした。移民《いみん》といっしょに渡《わた》ったのでした。それからは、またたくまにひろがり、一八九八年《ねん》ごろには、北《きた》アメリカじゅうの畑《はたけ》という畑《はたけ》に、モンシロチョウのすがたがみられるようになったのでした。

船《ふね》や飛行機《ひこうき》の交通《こうつう》がさかんになってからは、

北半球《きたはんきゅう》だけでなく、南半球《みなみはんきゅう》のオーストラリアにまで、モンシロチョウはすむようになりました。今《いま》ではニュージーランドにも分布《ぶんぷ》しています。すべて人間《にんげん》が荷物《にもつ》といっしょにはこんでしまったのです。

たくさんたまごをうみ、よくたべるモンシロチョウは、人間《にんげん》の住《す》むところにこのようにどんどんひろがっているのです。

*モンシロチョウの一生《いっしょう》

●成虫《せいちゅう》の生活《せいかつ》

ひらひらととぶチョウのしごとは、花《はな》をさがしてみつをのむことです。オスは、メスをさがすのもしごとです。ふつう、半径《はんけい》一キロメートルくらいの場所《ばしょ》を、あっちこっちとびまわっています。ところが、風《かぜ》にふきとばされたりすると、もっと遠《とお》くのほうにとんでいったりします。富士山《ふじさん》の頂上《ちょうじょう》にまでいったりします。

モンシロチョウは、みつが出《で》れば、どんな花《はな》にでもとんでいきます。とくに、きいろや白《しろ》い花《はな》が大《だい》すきです。ナノハナ、ダイコンの花《はな》、キュウリ、ダリア、ヨメナ、百日草《ひゃくにちそう》などは、モンシロチョウのすきな花《はな》です。

晴《は》れた風《かぜ》のない日《ひ》の、朝《あさ》の九時《じ》ごろから午後《ごご》の二時《じ》ごろまでが、モンシロチョウのいちばんよくとぶ時間《じかん》です。気温《きおん》は十八度《ど》から二十度《ど》くらいが、いちばんすきなようです。

九州《しゅう》では、数万《すうまん》びきものモンシロチョウの大群《たいぐん》が、海《うみ》を渡《わた》っていった記録《きろく》があります。一年《ねん》のうちでも、五月《がつ》から六月《がつ》ごろ、雨《あめ》が三日《みっか》くらいふりつづいたあとの晴《は》れた日《ひ》に、このことはよくおこるそうです。

なお、とまっているメスにオスが近《ちか》づくと、メスが腹《はら》を上《うえ》に立《た》てることがあります。これは、交尾《こうび》がおわっているというあいずです。

●交尾《こうび》をことわるメスのチョウ。

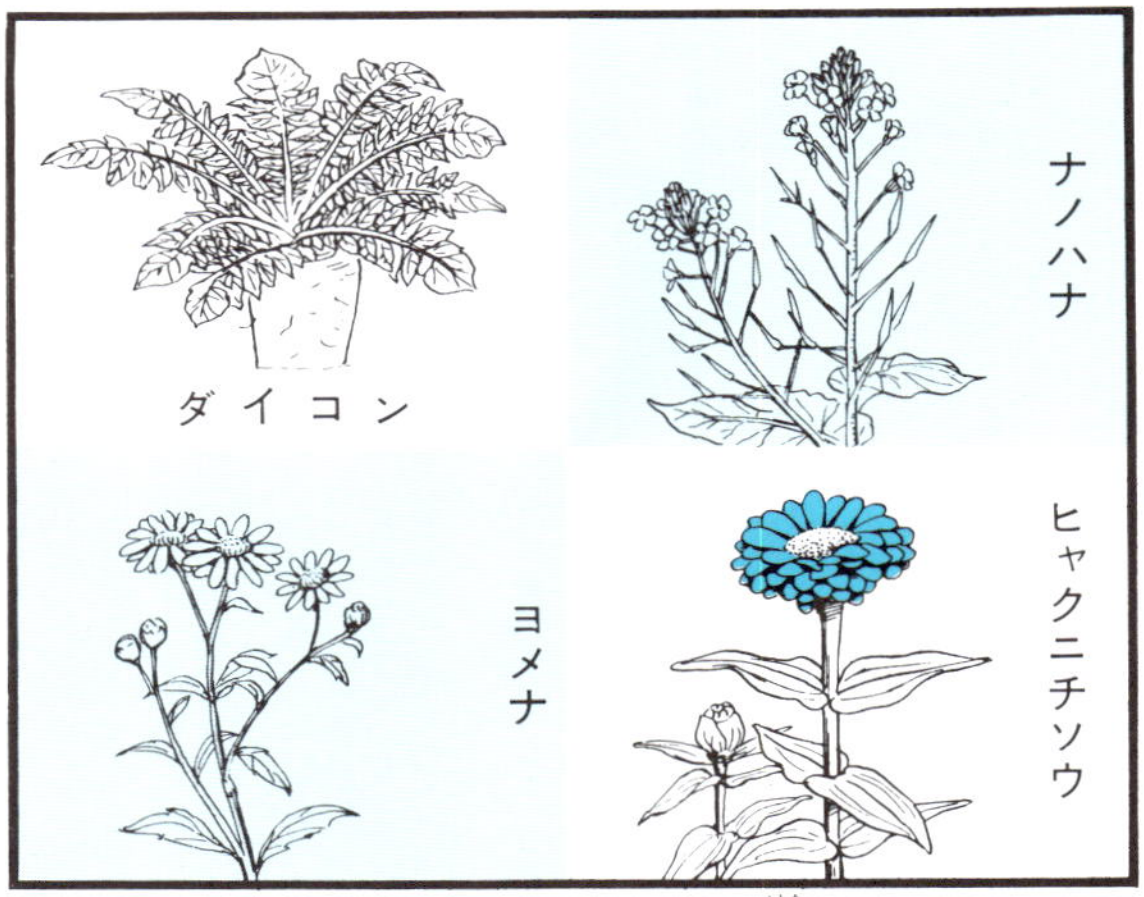

●モンシロチョウのあつまる花《はな》

●モンシロチョウのとぶ時間《じかん》

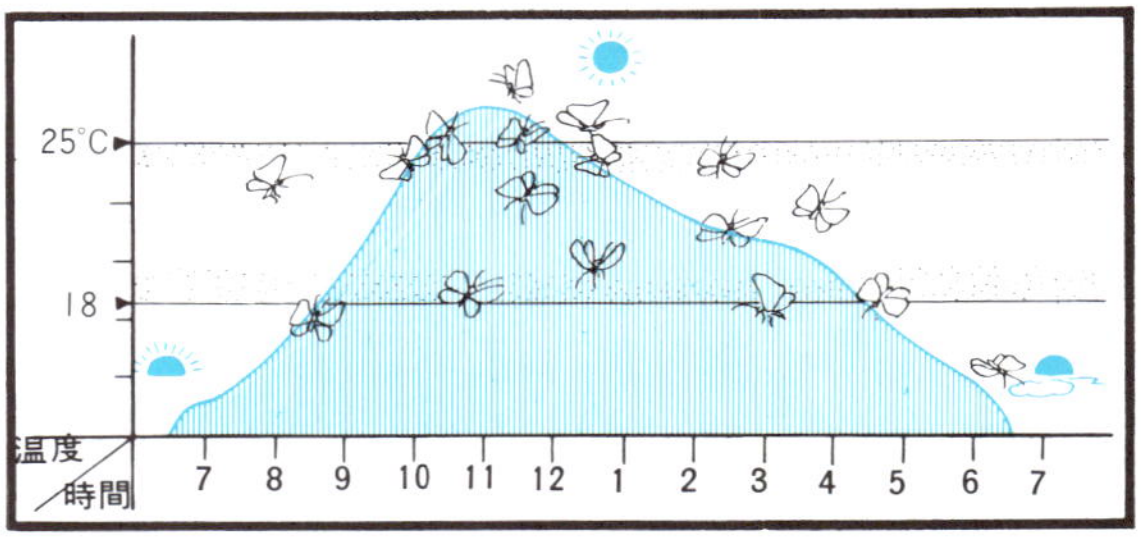

●幼虫《ようちゅう》の食草《しょくそう》

成虫《せいちゅう》は食草《しょくそう》の上《うえ》にたまごをうみます。だから、たまごからかえった幼虫《ようちゅう》は、えさをさがす必要《ひつよう》はありません。

幼虫《ようちゅう》のたべものは、アブラナ科《か》のキャベツ、コマツナ、ダイコン、カブなど

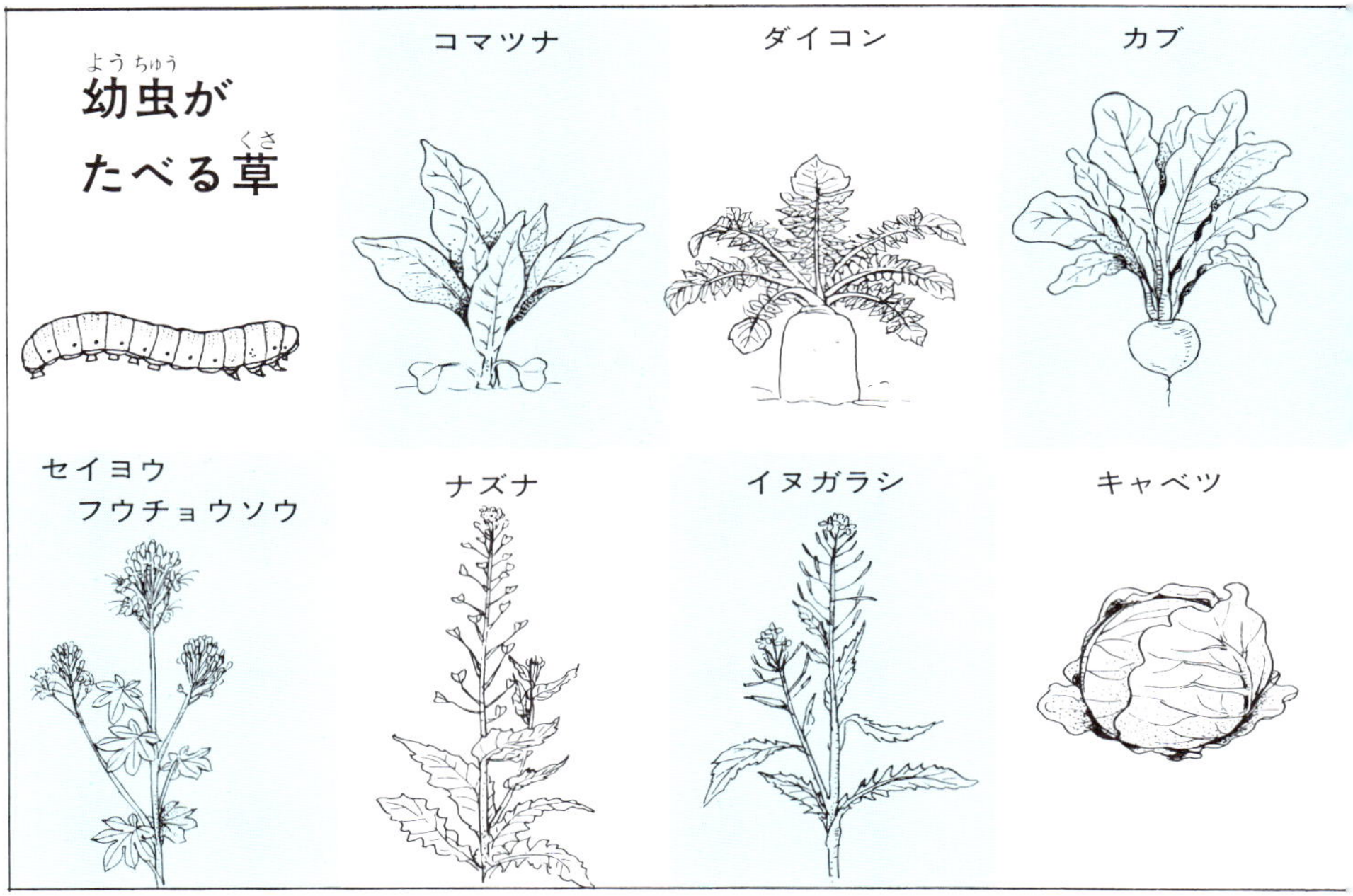

の葉《は》です。ナズナやイヌガラシもたべます。このほか、セイヨウフウチョウソウ、キンレンカ（ノウゼンハレン）などもたべます。

この中《なか》でも、キャベツは幼虫《ようちゅう》のいちばんすきなたべものです。

スジグロシロチョウの幼虫《ようちゅう》は、おもに、イヌガラシなどの野生《やせい》のアブラナ科《か》の葉《は》をたべます。モンシロチョウの幼虫《ようちゅう》は、畑《はたけ》のキャベツやコマツナをよくたべます。

モンシロチョウが世界《せかい》じゅう、いろいろな場所《ばしょ》でみられるのも、野生《やせい》のものだけでなく、人間《にんげん》が改良《かいりょう》した作物《さくもつ》をこのんでたべたからでしょう。

●幼虫《ようちゅう》の成長《せいちょう》

たまごからかえったばかりのアオムシの長《なが》さは、約《やく》二ミリ。虫《むし》めがねがなければ、よくみえません。アオムシは脱皮《だっぴ》するたびに、どんどん大《おお》きくなります。へやの温度《おんど》を二十度《ど》から二十三度《ど》くらいにして、そだてましょう。十六日《にち》くらいで三センチくらいの大《おお》きさになります。さなぎになるのも、もうすぐです。

アオムシのからだで固《かた》いのは頭《あたま》です。この頭《あたま》のはばをはかれば、だいたい何《なん》令《れい》かがわかります。五令《れい》幼虫《ようちゅう》の頭《あたま》のはばは、一令《いちれい》の約《やく》七倍《ばい》。体積《たいせき》にすると、約《やく》五百《ひゃく》四十倍《ばい》にも大《おお》きくなるのです。

●アオムシの体長《たいちょう》と頭《あたま》の大《おお》きさ

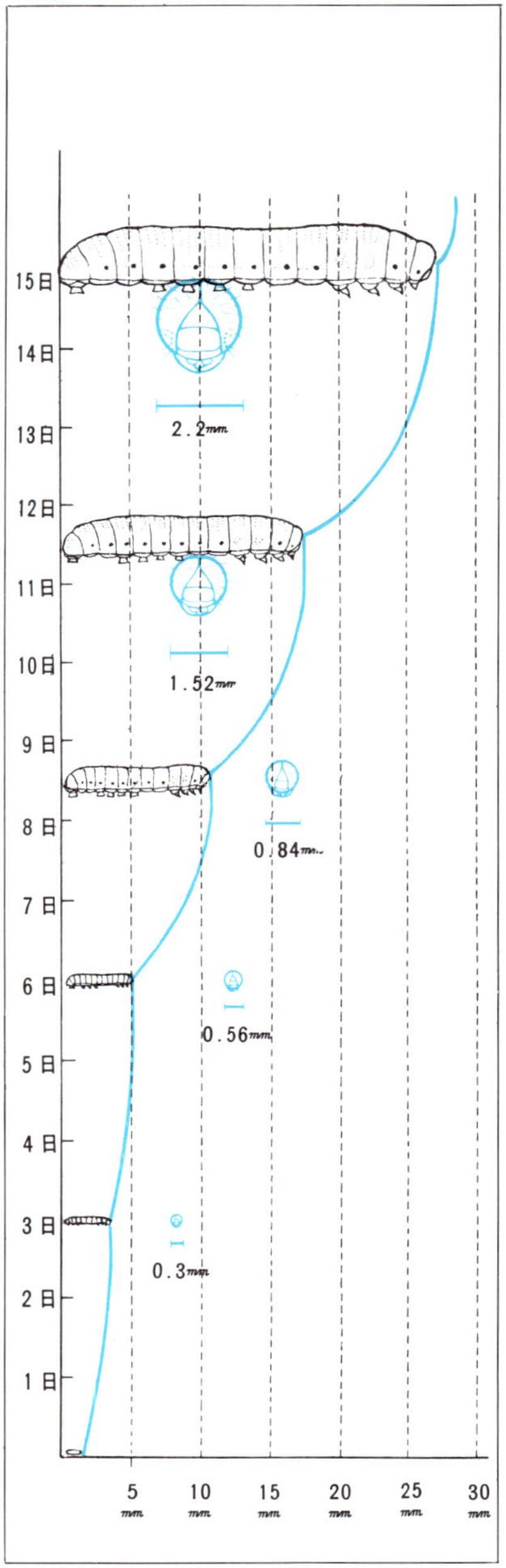

●さなぎから羽化《うか》まで

アオムシは五令《れい》幼虫《ようちゅう》の終《お》わりになって、葉《は》をたべなくなると、からだがすきとおってきます。そして、さなぎになる場所《ばしょ》をさがして、歩《ある》きまわります。

六時間《じかん》くらいして場所《ばしょ》がきまると、こんどは口《くち》から糸《いと》をだして、その場所《ばしょ》におなかのさきをしっかりとつけます。つぎに、からだのまわりに糸《いと》をかけます。約《やく》三十分《ぷん》、二十回《かい》くらい糸《いと》をかけます。

それから、一日《にち》たつと脱皮《だっぴ》がはじまります。四分間《ぷんかん》くらいで脱皮《だっぴ》がすむと、幼虫《ようちゅう》は頭《あたま》のとがったさなぎにかわります。からだのなかでは成虫《せいちゅう》になるための

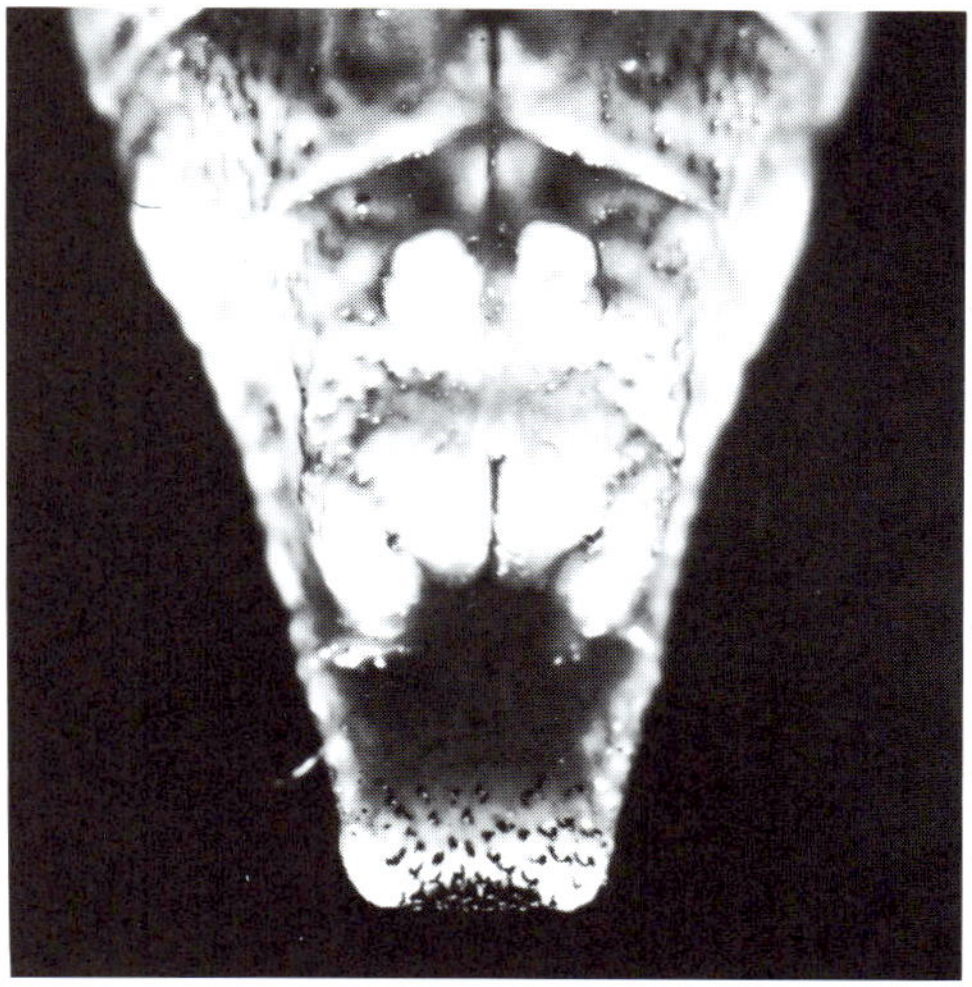

さなぎはおしりにでているたくさんのカギ状突起《じょうとっき》で枝《えだ》につけた糸《いと》に体《からだ》をとめます。

はねや触角《しょっかく》や口《くち》ができてきます。

十日《か》くらいたつと、せなかとくびのところが割《わ》れて、チョウがたんじょうします。からからでるのに十五秒《びょう》くらい、はねがのびるのに約《やく》七分《ふん》、からだがかたまって飛《と》びたつのに一時間《じかん》半《はん》くらいかかります。

●病気《びょうき》と敵《てき》

アオムシを飼《か》っていると、あざやかなみどり色《いろ》のからだが、白《しろ》くにごってくることがあります。こうなると、えさをたべなくなります。そして、一日《にち》くらいたつと黒《くろ》くなり、からだがとけたようにやわらかくなって死《し》んでしまいます。

これはたいてい、糸状菌《しじょうきん》がアオムシのからだにはいって病気《びょうき》になったものです。このほかビールスによって死《し》ぬものもあります。ほうっておくと、ほかのアオムシにも伝染《でんせん》し、みんな死《し》んでしまいます。予防《よぼう》するくすりも、なおすくすりもありません。

おそろしいのは病気《びょうき》だけではありません。鳥《とり》やクモ、ハチなどの昆虫《こんちゅう》にみつかればもう

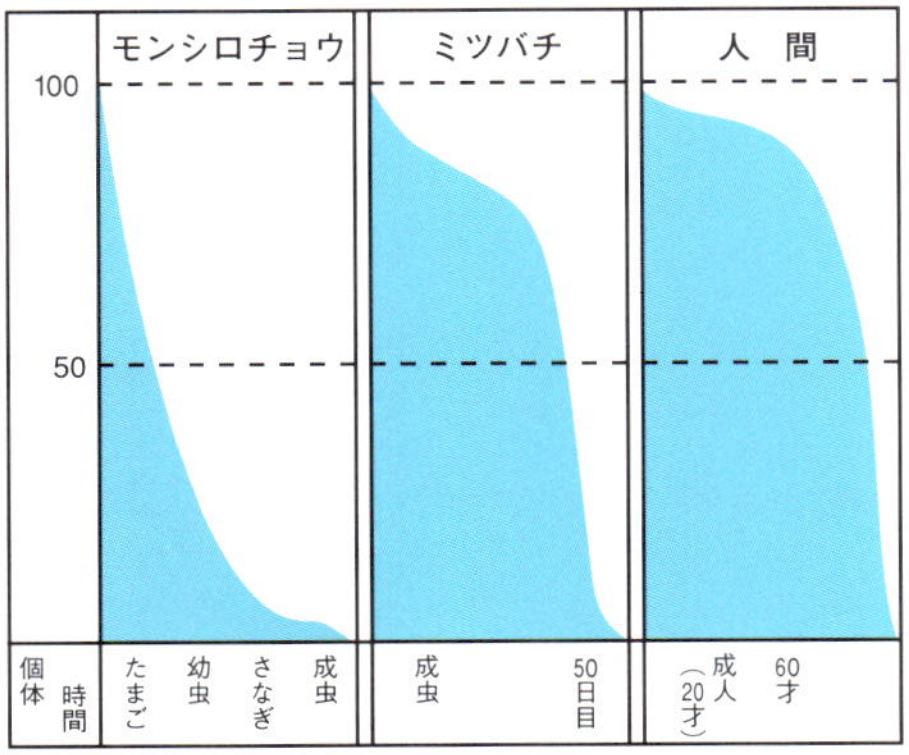

●モンシロチョウ　成虫《せいちゅう》になるのは，100このたまごのうち，わずか2～3びきです。

●ミツバチ（セイヨウミツバチ）　きょうだいが保護《ほご》してくれるので，100このたまごのうち，成虫《せいちゅう》になるのは80ぴきくらいです。

●人間《にんげん》　親《おや》が保護《ほご》してくれるので，20才《さい》のおとなになるのは100人《にん》の赤《あか》ちゃんのうち90人《にん》以上《いじょう》です。

おしまい。たべられてしまいます。

モンシロチョウでも、百個《ひゃっこ》のたまごのうち、病気《びょうき》で死《し》んだり敵《てき》にたべられてしまうものがほとんどで、成虫《せいちゅう》になるのはたったの二、三びきです。

ほんのわずかしかチョウになれないのは、病気《びょうき》や敵《てき》のためだけではありません。

寄生《きせい》するハチ

アオムシコマユバチという寄生蜂《きせいほう》がいるからです。四ミリくらいの小さなハチです。このハチは、においでアオムシをみつけると、とびかかって産卵管《さんらんかん》をさしこみます。アオムシのからだにたまごをうみつけるのです。とくに、二令《れい》と三令《れい》のアオムシがねらわれます。

たまごをうみつけられても、はじめはアオムシのからだには、かわったことはおきません。ところが、三日《みっか》くらいたつとたまごがかえり、ハチの幼虫《ようちゅう》はアオムシのからだの中《なか》で、体液《たいえき》やしぼうをたべて大《おお》きくなります。

といっても、アオムシが成長《せいちょう》するのにひつようなところはたべません。アオムシのからだの中《なか》でそだっているのですから、アオムシを殺《ころ》しては、じぶんも

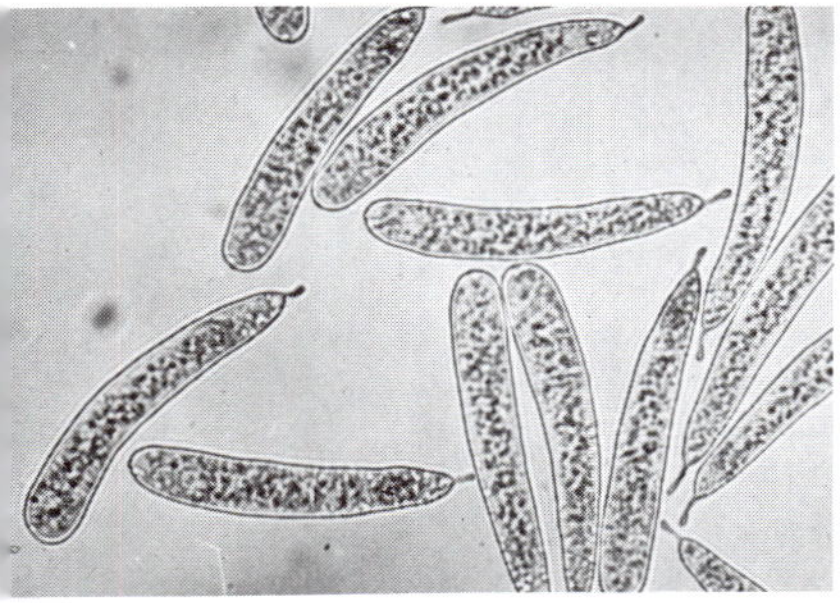

アオムシコマユバチのたまご。

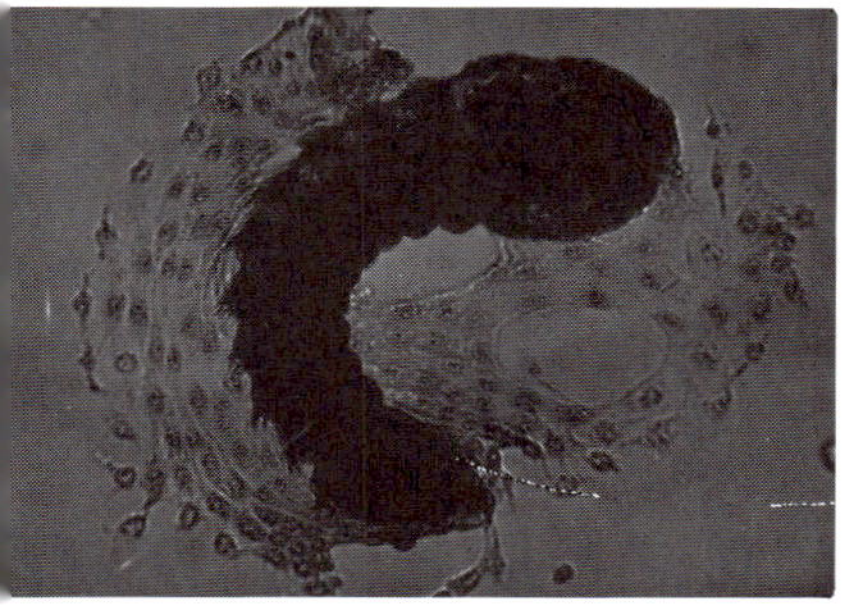

アオムシコマユバチのふ化《か》した幼虫《ようちゅう》

アオムシコマユバチの成虫《せいちゅう》

死《し》ぬことになります。そして、アオムシが五令《れい》になってさなぎになるすこしまえに、ハチの幼虫《ようちゅう》はアオムシのからだをくいやぶって、外《そと》にはいだします。もちろん、アオムシはこのとき、死《し》んでしまいます。ハチの幼虫《ようちゅう》は、外《そと》にでると、きいろのまゆを作《つく》り、そのなかでさなぎになります。一週間《しゅうかん》から十日《か》もすると、ハチになってとびまわります。こういうハチを「天敵《てんてき》」といいます。

*チョウのみている世界《せかい》

わたくしたちがみている風景《ふうけい》は、人間以外《にんげんいがい》の動物《どうぶつ》がみたら、いったいどんなふうにみえるのでしょうか？　ほんとうのところは、その動物《どうぶつ》に聞《き》いてみなければわかりません。もちろん、動物《どうぶつ》たちはどんなふうにみえるか、わたくしたちに話《はな》してくれっこありません。

そこで、目《め》のしくみをしらべたり、どの色《いろ》に反応《はんのう》するかという実験《じっけん》で、その動物《どうぶつ》のみている世界《せかい》をおもいうかべるほかないのです。このやりかたでわかったのは、ほとんどの鳥《とり》は色《いろ》については人間《にんげん》と同《おな》じようにみえるということです。イヌの目《め》には、色《いろ》をみわける細胞《さいぼう》がないので、白黒《しろくろ》の写真《しゃしん》のようにみえるらしいのです。さて、チョウは、いったいどのように風景《ふうけい》がみえるのでしょうか？

チョウの目《め》は複眼《ふくがん》といって、野球《やきゅう》のボールを半分《はんぶん》にわったようなかたちをしています。この目《め》を大《おお》きくしてみると、小《ちい》さな六角形《ろっかくけい》の目《め》がたくさんあつまってできていることがわかるでしょう。表面《ひょうめん》は、ひとつひとつがレンズなので、近《ちか》くにものを置《お》くと、ひとつずつかたちがうつります。

しかし、それぞれの視神経《ししんけい》は、ひとつの脳《のう》に伝《つた》わっているので、それぞれの小《ちい》さな目《め》でみたたくさんの風景《ふうけい》も、ひとつになってみえると考《かんが》えられます。そして、人間《にんげん》より広《ひろ》い風景《ふうけい》がみえるのはたしかです。しかし、遠《とお》いところはぼーっとしていて、近《ちか》くの中心《ちゅうしん》だけがよくみえるようです。

チョウは、色《いろ》をみわけることができ、とくに、わたしたちの目《め》ではみえない紫外線《しがいせん》がみえるのがわかってきました。

それはどんな世界《せかい》か、カメラのレンズに紫《し》外線《がいせん》をとおすフィルターをつけて、モンシロチョウをのぞけばわかります。メスは白《しろ》いのですが、オスは黒《くろ》に近《ちか》い灰色《はいいろ》にみえます。

ですから、モンシロチョウになったら、飛《と》んでいるなかまがメスかオスか、ひと目《め》でわかるはずです。

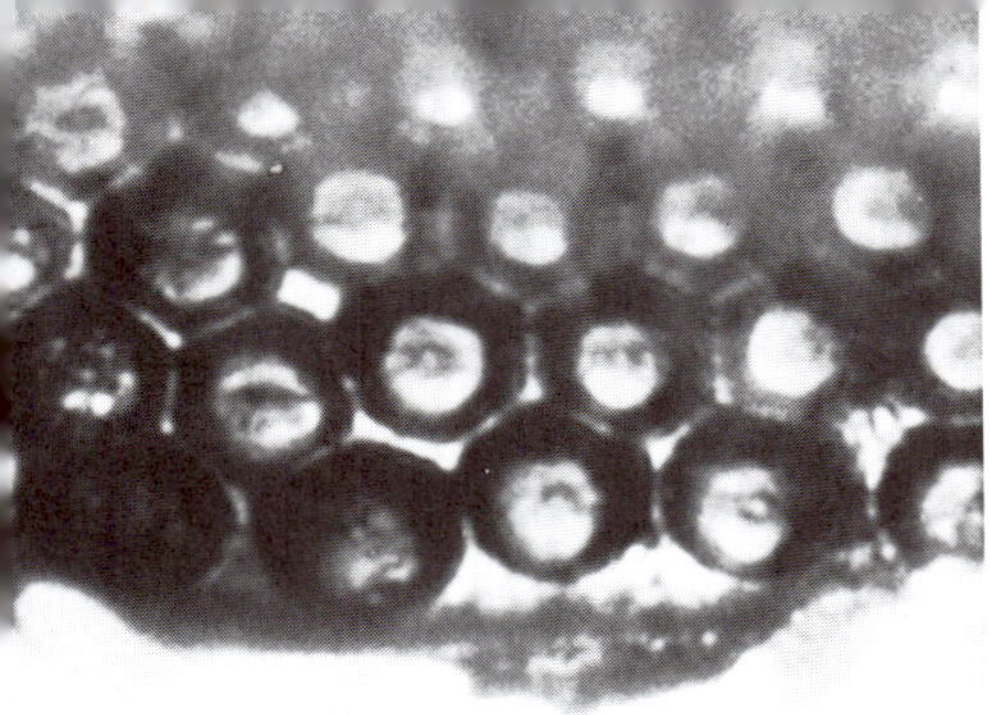
●チョウの複眼《ふくがん》の表面《ひょうめん》(拡大《かくだい》)

●紫外線《しがいせん》フィルターでとったモンシロチョウ。

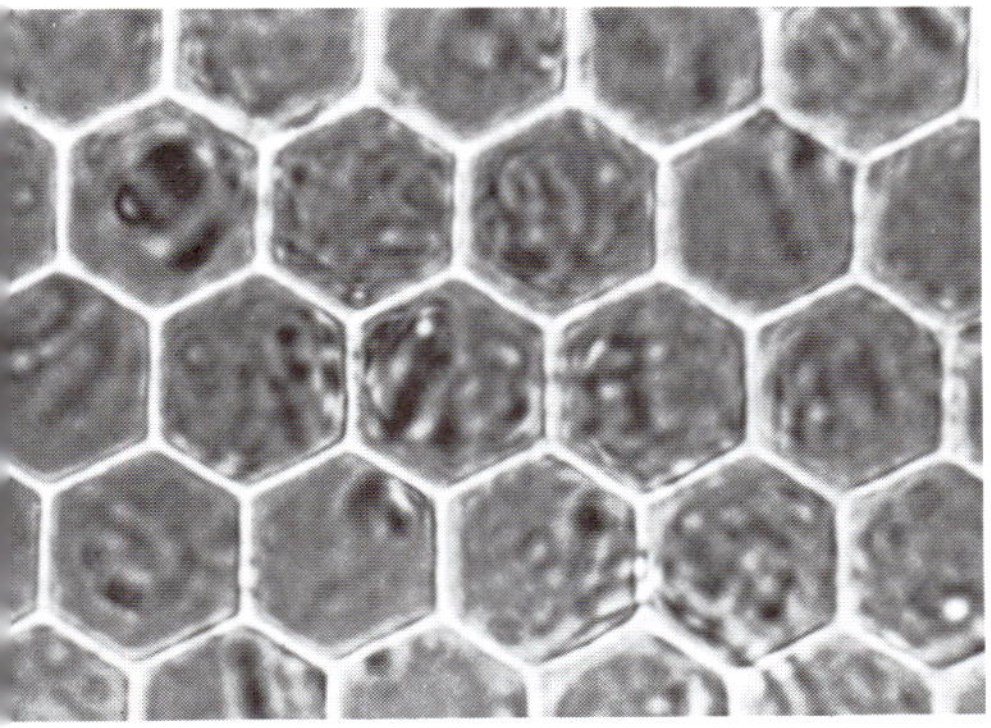
●角膜《かくまく》を大《おお》きくしてみると…。

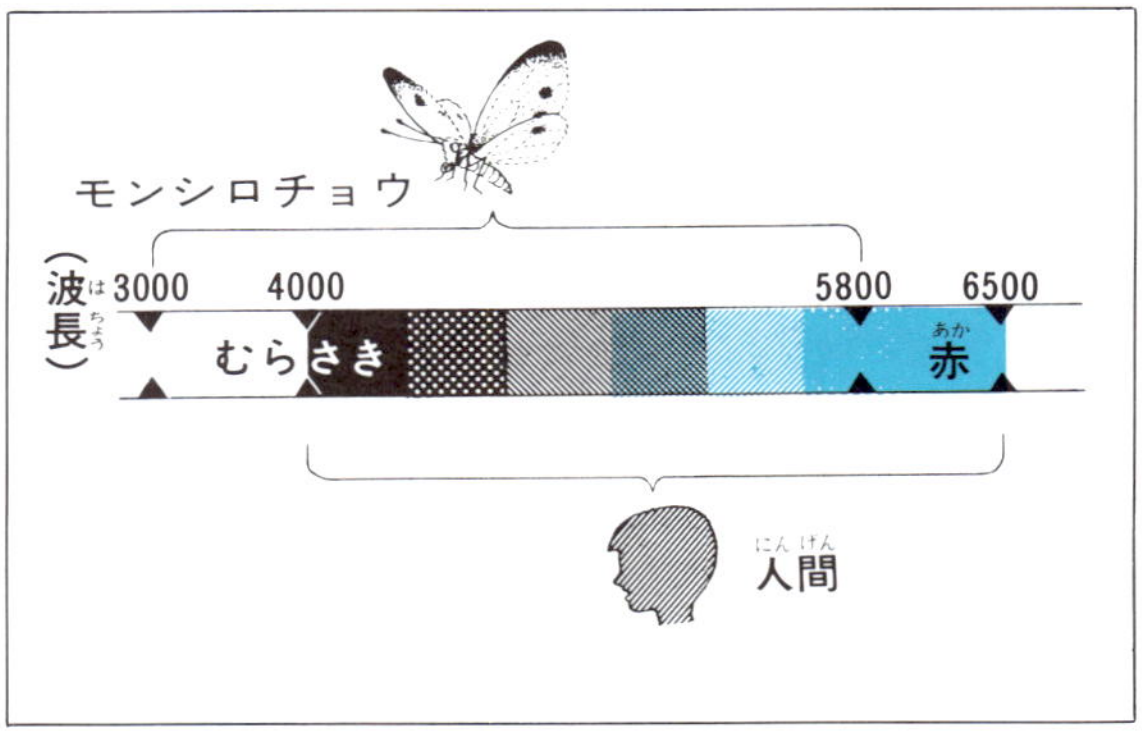

●人間《にんげん》とチョウでは，みえる色《いろ》がちがいます。

＊モンシロチョウの一年《ねん》

春《はる》になれば、日本《にっぽん》じゅうのモンシロチョウは、いっせいにとびたつのでしょうか？　いいえ、あたたかい地方《ちほう》とさむい地方《ちほう》では、モンシロチョウのとびたつ日《ひ》が、たいへんちがっています。

●モンシロチョウをはじめてみた日《ひ》

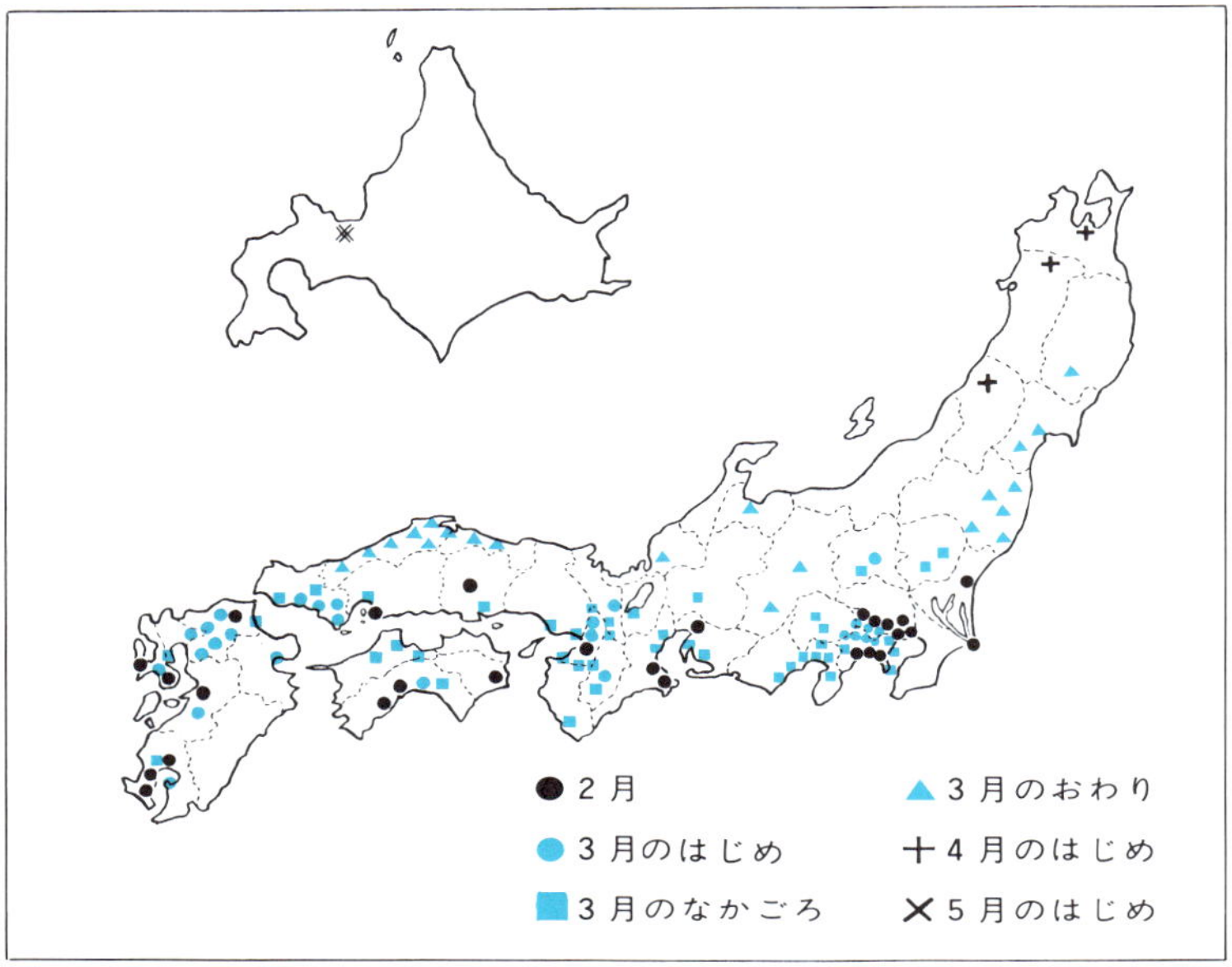

九州《きゅうしゅう》の南《みなみ》や、四国《しこく》の南《みなみ》のほうでは、二月《がつ》のなかごろには、モンシロチョウのすがたをみることができます。ところが、北海道《ほっかいどう》の札幌《さっぽろ》では、五月《がつ》にならなければみられません。

上《うえ》の地図《ちず》は、モンシロチョウがはじめてすがたをあらわした月《つき》です。九州《きゅうしゅう》のようにあたたかいところでは、一年《ねん》に六回《かい》以《い》上《じょう》も世代《せだい》をくりかえし、たまごから親《おや》になります。東北《とうほく》や北海道《ほっかいどう》のように寒《さむ》いところでは、二、三回《かい》しか世代《せだい》をくりかえせないのです。

一年《ねん》で、いちばんたくさんモンシロチョウがみられるのは六月《がつ》です。八月《がつ》になると、食《しょく》草《そう》がへったり、寄生蜂《きせいほう》が多《おお》くなるので、たいへん少《すく》なくなります。
東京《とうきょう》では十一月《がつ》にはいるとモンシロチョウのすがたがみられなくなります。ところが、九州《きゅうしゅう》の南《みなみ》では、十二月《がつ》にはいってもまだみられるのです。

*チョウの飼《か》いかた

チョウのたまごをみつけたら、葉《は》っぱごと切《き》りとり、水《みず》にさしておきます。葉《は》っぱがしおれないようにするためです。

幼虫《ようちゅう》は、シャーレーか飼育《しいく》びんにいれ、上《うえ》にこまかいあみのふたをしておきます。葉《は》っぱからでる水分《すいぶん》でなかがしめりすぎると、病気《びょうき》になりがちです。紙《かみ》を下《した》にひき、乾燥剤《かんそうざい》を少《すこ》しいれると、ちょうどよくなります。

幼虫《ようちゅう》が脱皮《だっぴ》するときには、糸《いと》をはって動《うご》きません。むりに葉《は》からはずさないようにしましょう。なお、幼虫《ようちゅう》をあたらしい葉《は》にうつしたいときには、かわかしたふでのさきで、すくうようにしてとります。さなぎになるころには、ほそい木《き》のえだを入《い》れておきます。成虫《せいちゅう》になったら、口《くち》をはりなどでのばして、うすいさとう水《みず》（十パーセント以下《いか》）か、うすめたはちみつをのませます。

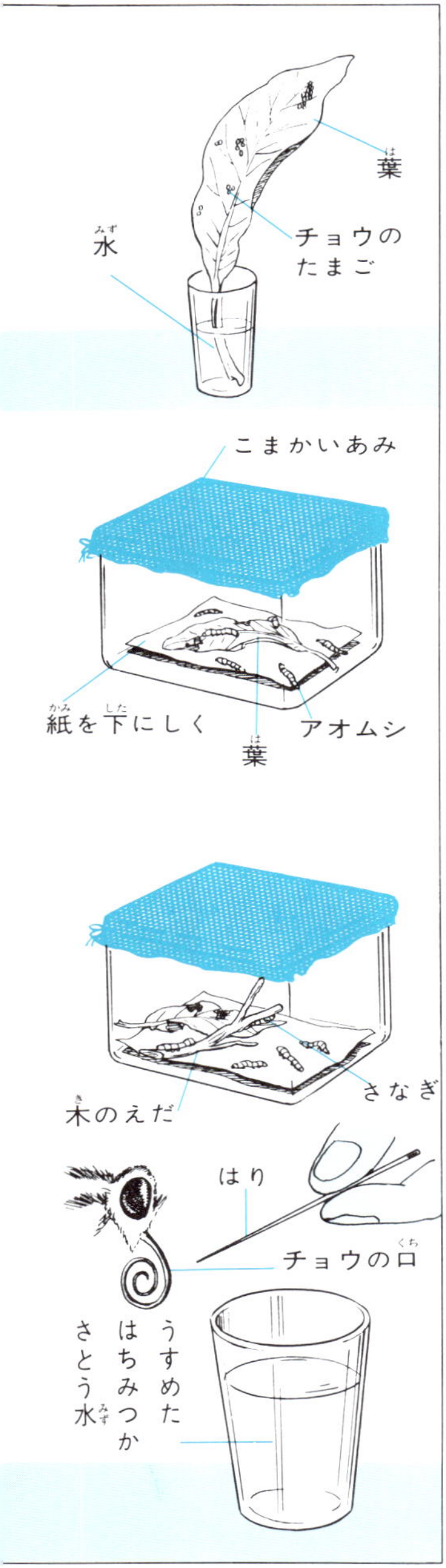

あとがき

モンシロチョウなら、みんな、よく知《し》っています。ですから、「なんだ、モンシロなんかめずらしくないよ」と、だれでもいいます。でも、めずらしくないために、かえって、よくみていない、知《し》らないということはありませんか？

この本《ほん》は、モンシロチョウの生活《せいかつ》をしょうかいしたものです。しかし、字数《じすう》にかぎりがあり、書《か》きのこしたところも少《すく》なくありません。

ですから、この本《ほん》を読《よ》まれたら、こんどはあなたがじっさいにモンシロチョウを調《しら》べる番《ばん》です。アオムシは葉《は》をどのくらい食《た》べるのか、さなぎになる場所《ばしょ》はどんなところか、調《しら》べるテーマはたくさんあります。

さいごに、この本《ほん》を作《つく》るために、昆虫写真家《こんちゅうしゃしんか》の佐藤有恒《さとうゆうこう》さんから、一部《いちぶ》の写真《しゃしん》を貸《か》していただきました。また、東京学芸大学生物学教室《とうきょうがくげいだいがくせいぶつがくきょうしつ》の北野日出男《きたのひでお》さんにも、協力《きょうりょく》していただきました。心《こころ》からお礼《れい》もうしあげます。

矢島《やじま》　稔《みのる》

（一九七〇年六月）

NDC486

矢島　稔

科学のアルバム　虫 1

モンシロチョウ

あかね書房 2021

54P　23×19cm

科学のアルバム
モンシロチョウ

一九七〇年　六　月初版
二〇〇五年　四　月新装版第一刷
二〇二一年一〇月新装版第一五刷

著者　矢島　稔
発行者　岡本光晴
発行所　株式会社 あかね書房
〒一〇一－〇〇六五
東京都千代田区西神田三－二－一
電話〇三－三二六三－〇六四一（代表）
ホームページ http://www.akaneshobo.co.jp
印刷所　株式会社 精興社
写植所　株式会社 田下フォト・タイプ
製本所　株式会社 難波製本

ISBN978-4-251-03302-4
定価は裏表紙に表示してあります。
落丁本・乱丁本はおとりかえいたします。

○表紙写真
・口《くち》をのばして蜜《みつ》をすっている
　モンシロチョウ

○裏表紙写真（上から）
・羽化《うか》したばかりのモンシロチョウ
　とモンシロチョウの卵《たまご》
・キャベツの葉《は》を食《た》べる幼虫《ようちゅう》
・モンシロチョウのさなぎ

○扉写真
・羽《はね》をひろげてとまっている
　モンシロチョウ

○もくじ写真
・モンシロチョウの頭部《とうぶ》

科学のアルバム

全国学校図書館協議会選定図書・基本図書
サンケイ児童出版文化賞大賞受賞

虫

モンシロチョウ
アリの世界
カブトムシ
アカトンボの一生
セミの一生
アゲハチョウ
ミツバチのふしぎ
トノサマバッタ
クモのひみつ
カマキリのかんさつ
鳴く虫の世界
カイコ まゆからまゆまで
テントウムシ
クワガタムシ
ホタル 光のひみつ
高山チョウのくらし
昆虫のふしぎ 色と形のひみつ
ギフチョウ
水生昆虫のひみつ

植物

アサガオ たねからたねまで
食虫植物のひみつ
ヒマワリのかんさつ
イネの一生
高山植物の一年
サクラの一年
ヘチマのかんさつ
サボテンのふしぎ
キノコの世界
たねのゆくえ
コケの世界
ジャガイモ
植物は動いている
水草のひみつ
紅葉のふしぎ
ムギの一生
ドングリ
花の色のふしぎ

動物・鳥

カエルのたんじょう
カニのくらし
ツバメのくらし
サンゴ礁の世界
たまごのひみつ
カタツムリ
モリアオガエル
フクロウ
シカのくらし
カラスのくらし
ヘビとトカゲ
キツツキの森
森のキタキツネ
サケのたんじょう
コウモリ
ハヤブサの四季
カメのくらし
メダカのくらし
ヤマネのくらし
ヤドカリ

天文・地学

月をみよう
雲と天気
星の一生
きょうりゅう
太陽のふしぎ
星座をさがそう
惑星をみよう
しょうにゅうどう探検
雪の一生
火山は生きている
水 めぐる水のひみつ
塩 海からきた宝石
氷の世界
鉱物 地底からのたより
砂漠の世界
流れ星・隕石